ICS 65.020.01

B 01

河 南 省 地 方 标 准

DB41/T 958—2020

代替 DB41/T 958—2014

农业与农村生活用水定额

2020-09-02 发布

2020-12-02 实施

河南省市场监督管理局　发布

图书在版编目(CIP) 数据

农业与农村生活用水定额：河南省地方标准：DB41/
T 958—2020/河南省水利厅编 . —郑州：黄河水利出版社，
2020. 11

ISBN 978-7-5509-2878-7

Ⅰ.①农… Ⅱ.①河… Ⅲ.①农田水利-用水量-定
额-地方标准-河南 ②生活用水-用水量-定额-地方标准-
河南 Ⅳ.①TU991. 31-65

中国版本图书馆 CIP 数据核字（2020）第 239407 号

组稿编辑：王路平 电话：0371-66022212 E-mail：hhslwlp@ 126. com

出 版 社：黄河水利出版社
地址：河南省郑州市顺河路黄委会综合楼 14 层 邮政编码：450003 网址：www. yrcp. com
发行单位：黄河水利出版社
发行部电话：0371-66026940、66020550、66028024、66022620（传真）
E-mail：hhslcbs@ 126. com
承印单位：河南承创印务有限公司
开本：890 mm×1 240 mm 1/16
印张：1
字数：30 千字 印数：1—3 000
版次：2020 年 11 月第 1 版 印次：2020 年 11 月第 1 次印刷
定价：26. 00 元

目　次

前　言

本标准按照 GB/T 1.1—2009 给出的规则起草。

本标准代替 DB41/T 958—2014《农业用水定额》，与 DB41/T 958—2014 相比主要变化如下：

——修改了标准名称；

——修改了术语和定义；

——修改了灌溉用水定额使用说明；

——修改了灌溉分区；

——删除了调节系数，增加了灌溉基本用水定额修正系数；

——修改了农业用水定额，增加了油菜、葡萄、核桃、怀山药等用水定额；

——修改了农村居民生活用水定额，增加了农村幼儿园和学校用水定额；

——调整了部分行业代码、行业名称。

本标准由河南省水利厅提出并归口。

本标准起草单位：河南省水利科学研究院、河南省科达水利勘测设计有限公司、郑州市水利局、开封市水利局、洛阳市水利局、平顶山市水利局、安阳市水利局、鹤壁市水利局、新乡市水利局、焦作市水利局、濮阳市水利局、许昌市水利局、漯河市水利局、三门峡市水利局、南阳市水利局、商丘市水利局、信阳市水利局、周口市水利局、驻马店市水利局、济源市水利局。

本标准主要起草人：路振广、张玉顺、秦海霞、苏建伟、邱新强、王艳平、杨浩晨、吴奕、穆小玲、李金茹、李晓君、王仁权、王军豫、周彦平、李翠玲、陈芳、赵梦霞、李秋月、孙素娟、高晓岭、田瑛、李昕、屈伟、王建华、王宁、李红星、杜慧娟。

本标准历次版本发布情况为：

——DB41/T 385—2004；

——DB41/T 385—2009；

——DB41/T 958—2014。

农业与农村生活用水定额

1 范围

本标准规定了农业与农村生活用水定额的术语和定义、灌溉用水定额使用说明、灌溉分区、灌溉基本用水定额修正系数、种植业灌溉基本用水定额、林业灌溉基本用水定额、畜牧业用水定额、渔业用水定额和农村生活用水定额。

本标准适用于农业与农村生活的用水定额管理。

2 规范性引用文件

下列文件对于本文件的应用是必不可少的。凡是注日期的引用文件，仅注日期的版本适用于本文件。凡是不注日期的引用文件，其最新版本（包括所有的修改单）适用于本文件。

GB/T 4754—2017　国民经济行业分类

GB/T 29404—2012　灌溉用水定额编制导则

GB/T 50363—2018　节水灌溉工程技术标准

3 术语和定义

下列术语和定义适用于本文件。

3.1 用水定额

一定时期内在一定的技术和管理条件下，按照相应核算单元确定的、符合节约用水要求的各类用水户单位用水量的限额，不包括输水损失水量。

3.2 农业用水定额

一定时期内按照单位面积、单个畜禽核算的种植业、林业、渔业和畜牧业用水量的限额。

3.3 灌溉基本用水定额

在规定水文年型和参照灌溉条件下，核定的某种作物在一个生育期内（多年生作物以一年为期）田间单位面积灌溉用水量的限额，含田间灌溉损失水量和附加用水定额（包括播前灌溉和泡田用水等）。

注1：水文年型为50%和75%，其中50%为平水年，75%为中等干旱年。

注2：参照灌溉条件为地面灌溉。

3.4 灌溉基本用水定额修正系数

反映灌溉方法、种植条件对参照灌溉条件下灌溉基本用水定额影响程度的系数。

DB41/T 958—2020

3.5 地面灌溉

采用沟、畦等地面设施，对作物进行灌溉的方法。

3.6 管灌

采用软管或软带等移动设施，对作物进行灌溉的方法。

3.7 喷灌

利用专门设备将有压水流通过喷头喷洒成细小水滴，落到土壤表面进行灌溉的方法。

3.8 微灌

通过管道系统与安装在末级管道上的灌水器，将水和作物生长所需的养分以较小的流量，均匀、准确地直接输送到作物根部附近土壤进行灌溉的方法，包括滴灌、微喷灌、涌泉灌等。

3.9 畜牧业用水定额

某类畜禽平均每头（匹/只）每日用水量的限额，包括饮用和清洁卫生等用水。

3.10 渔业用水定额

在规定水文年型下，单位养殖水面一年内维持适宜水深补水所需水量的限额。

3.11 农村生活用水定额

一定时期内农村居民家庭和学校生活平均每人每日（年）用水量的限额。

4 基本规定

4.1 农业分类依据 GB/T 4754 的规定。

4.2 灌溉分区和水文年型按照 GB/T 29404 的要求确定。

4.3 灌溉方法、渠系或管系水利用系数以及量水设施配备和管理应符合 GB/T 50363 的要求。

5 灌溉用水定额使用说明

5.1 从表 1 中查出某种作物所在行政区域所属的灌溉分区，在表 2 中查出某种作物在不同灌溉方法和种植条件下对应的修正系数。

5.2 从表 3~表 9 中查出某种作物所属灌溉分区不同水文年型下的灌溉基本用水定额，将修正系数与灌溉基本用水定额连乘后，得到某种作物在不同灌溉方法和种植条件下的田间灌溉用水定额。

5.3 田间灌溉用水定额除以斗口（大中型灌区）或渠首（小型灌区）或井口（井灌区）位置以下渠系或管系水利用系数，得到某种作物相应位置的灌溉用水定额。

5.4 毛灌溉用水定额由某种作物田间灌溉用水定额除以渠系或管系水利用系数得到。

6 灌溉分区

全省灌溉分区见表 1。

·2·

表 1 灌溉分区

一级区	二级区	省辖市	县（市、区）	县（市、区）数	
Ⅰ. 豫北区	Ⅰ1. 豫北平原区	安阳市	安阳市区、安阳县、汤阴县、滑县、内黄县	5	26
		濮阳市	濮阳市区、清丰县、南乐县、范县、台前县、濮阳县	6	
		新乡市	新乡市区、新乡县、获嘉县、原阳县、延津县、封丘县、长垣市、卫辉市	8	
		焦作市	博爱县、武陟县、温县、沁阳市、孟州市	5	
		鹤壁市	浚县、淇县	2	
	Ⅰ2. 豫北山丘区	安阳市	林州市	1	6
		新乡市	辉县市	1	
		焦作市	焦作市区、修武县	2	
		鹤壁市	鹤壁市区	1	
		济源市	济源市	1	
Ⅱ. 豫西区		洛阳市	洛阳市区、孟津县、新安县、栾川县、嵩县、汝阳县、宜阳县、洛宁县、伊川县、偃师市	10	23
		三门峡市	三门峡市区、渑池县、卢氏县、义马市、灵宝市	5	
		郑州市	上街区、巩义市、荥阳市、新密市、登封市	5	
		平顶山市	石龙区、鲁山县、汝州市	3	
Ⅲ. 豫中、豫东区	Ⅲ1. 豫中平原区	郑州市	郑州市区（不含上街区）、中牟县、新郑市	3	15
		平顶山市	平顶山市区（不含石龙区）、宝丰县、叶县、郏县	4	
		漯河市	漯河市区、舞阳县、临颍县	3	
		许昌市	许昌市区、鄢陵县、襄城县、禹州市、长葛市	5	
	Ⅲ2. 豫东平原区	开封市	开封市区、杞县、通许县、尉氏县、兰考县	5	22
		商丘市	商丘市区、民权县、睢县、宁陵县、柘城县、虞城县、夏邑县、永城市	8	
		周口市	周口市区、扶沟县、西华县、商水县、沈丘县、郸城县、太康县、鹿邑县、项城市	9	
Ⅳ. 豫南区	Ⅳ1. 南阳盆地区	南阳市	南阳市区、南召县、方城县、西峡县、镇平县、内乡县、淅川县、社旗县、唐河县、新野县、邓州市、桐柏县	12	12
	Ⅳ2. 淮北平原区	驻马店市	驻马店市区、西平县、上蔡县、平舆县、正阳县、确山县、泌阳县、汝南县、遂平县、新蔡县	10	13
		平顶山市	舞钢市	1	
		信阳市	息县、淮滨县	2	
	Ⅳ3. 淮南山丘区	信阳市	信阳市区、罗山县、光山县、新县、商城县、潢川县、固始县	7	7

7 灌溉基本用水定额修正系数

灌溉基本用水定额修正系数见表2。

表2 灌溉基本用水定额修正系数

灌溉方法				种植条件	
地面灌溉	管灌	喷灌	微灌	露地	温室
1.00	0.88	0.76	0.63	1.00	1.85

8 种植业灌溉基本用水定额

种植业灌溉基本用水定额见表3～表8。

表3 谷物种植灌溉基本用水定额

行业代码	行业名称	类别名称	水文年型	定额/（m³/667 m²）							
				Ⅰ1	Ⅰ2	Ⅱ	Ⅲ1	Ⅲ2	Ⅳ1	Ⅳ2	Ⅳ3
A011	谷物种植	小麦	50%	125	120	110	95	88	80	47	0
			75%	155	150	140	130	120	110	95	45
		玉米	50%	98	90	85	80	75	45	40	0
			75%	127	116	110	105	95	83	75	40
		水稻	50%	423	413	405	395	380	340	322	265
			75%	497	485	475	463	450	420	400	358

表4 豆类、油料和薯类种植灌溉基本用水定额

行业代码	行业名称	类别名称	水文年型	定额/（m³/667 m²）							
				Ⅰ1	Ⅰ2	Ⅱ	Ⅲ1	Ⅲ2	Ⅳ1	Ⅳ2	Ⅳ3
A012	豆类、油料和薯类种植	大豆	50%	85	80	75	70	65	48	40	0
			75%	108	100	95	90	85	75	70	40
		花生	50%	80	75	70	65	60	45	40	0
			75%	105	98	90	85	80	70	65	40
		油菜	50%	100	95	90	82	75	55	40	0
			75%	120	115	110	103	98	85	75	40
		红薯	50%	50	50	45	40	40	0	0	0
			75%	85	85	80	75	75	40	40	0

表5 棉、麻、糖、烟草种植灌溉基本用水定额

行业代码	行业名称	类别名称	水文年型	定额/（m³/667 m²）							
				Ⅰ1	Ⅰ2	Ⅱ	Ⅲ1	Ⅲ2	Ⅳ1	Ⅳ2	Ⅳ3
A013	棉、麻、糖、烟草种植	棉花	50%	105	98	90	85	80	47	40	0
			75%	135	127	120	112	105	90	80	40
		烟叶	50%	—	—	130	125	115	95	80	40
			75%	—	—	165	155	145	125	110	75

表6 蔬菜、花卉种植灌溉基本用水定额

行业代码	行业名称	类别名称	水文年型	定额/（m³/667 m²）							
				Ⅰ1	Ⅰ2	Ⅱ	Ⅲ1	Ⅲ2	Ⅳ1	Ⅳ2	Ⅳ3
A014	蔬菜、食用菌及园艺作物种植	叶菜类（以白菜为代表）	50%	180	170	160	150	138	122	105	75
			75%	215	200	190	175	162	143	128	95
		瓜菜类（以黄瓜为代表）	50%	175	165	155	143	135	114	100	67
			75%	210	195	182	170	157	133	115	85
		茄果类（以西红柿为代表）	50%	187	175	166	154	143	124	114	85
			75%	218	207	192	180	166	147	138	105
		菜用豆类（以长豆角为代表）	50%	138	128	118	105	95	80	70	43
			75%	170	157	145	128	116	100	90	67
		葱蒜类（以大蒜为代表）	50%	185	175	166	155	143	124	114	74
			75%	223	210	195	182	170	150	133	95
		根菜类（以萝卜为代表）	50%	133	124	115	103	92	76	67	38
			75%	163	150	138	120	110	95	86	65
		花卉	50%	265	245	235	210	200	180	160	135
			75%	310	290	270	255	240	215	200	165

表7 水果和坚果种植灌溉基本用水定额

行业代码	行业名称	类别名称	水文年型	定额/（m³/667 m²）							
				Ⅰ1	Ⅰ2	Ⅱ	Ⅲ1	Ⅲ2	Ⅳ1	Ⅳ2	Ⅳ3
A015	水果种植	苹果	50%	125	115	105	100	95	85	75	40
			75%	155	145	135	130	120	105	95	75
		梨、桃	50%	105	100	95	90	85	75	70	40
			75%	145	138	130	122	115	100	90	70
		葡萄	50%	140	130	120	115	110	90	80	45
			75%	190	180	165	150	140	120	110	75
		猕猴桃	50%	—	145	135	120	105	90	—	45
			75%	—	190	175	155	144	128	—	90
		西瓜	50%	115	110	100	90	80	70	45	0
			75%	150	140	125	115	105	93	80	40
A016	坚果、含油果、香料和饮料作物种植	核桃	50%	105	100	85	80	75	55	40	0
			75%	130	125	115	110	100	85	75	40

表8 中药材种植灌溉基本用水定额

行业代码	行业名称	类别名称	灌溉分区	水文年型	定额/（m³/667 m²）
A017	中药材种植	怀山药	Ⅰ1	50%	150
				75%	200
		怀地黄	Ⅰ1	50%	90
				75%	130
		怀菊花	Ⅰ1	50%	120
				75%	150
		怀牛膝	Ⅰ1	50%	80
				75%	120
		金银花	Ⅰ1	50%	110
				75%	150
		冬凌草	Ⅰ2	50%	90
				75%	125
		连翘	Ⅱ	50%	45
				75%	90
		柴胡	Ⅱ	50%	45
				75%	90
		禹南星	Ⅲ1	50%	120
				75%	160
		栀子	Ⅳ1	50%	80
				75%	120

9 林业灌溉基本用水定额

林业灌溉基本用水定额见表9。

表9 林业灌溉基本用水定额

行业代码	行业名称	类别名称	种类	水文年型	定额/（m³/667 m²）							
					Ⅰ1	Ⅰ2	Ⅱ	Ⅲ1	Ⅲ2	Ⅳ1	Ⅳ2	Ⅳ3
A021	林木育种和育苗	林木育苗	幼苗	50%	190	180	165	155	145	120	105	80
				75%	240	225	210	195	180	155	135	100
			成苗	50%	120	115	110	105	100	90	85	70
				75%	155	145	140	135	130	120	115	80

10 畜牧业用水定额

畜牧业用水定额见表 10。

表 10 畜牧业用水定额

行业代码	行业名称	类别名称	定额单位	定额	备注
A031	牲畜饲养	奶牛	L/(头·d)	80	圈养
				61	散养
		肉牛	L/(头·d)	64	圈养
				38	散养
		马	L/(匹·d)	52	圈养
				30	散养
		驴	L/(头·d)	38	圈养
				24	散养
		猪	L/(头·d)	30	圈养
				17	散养
		羊	L/(只·d)	11	圈养
				5	散养
A032	家禽饲养	鸡	L/(只·d)	0.7	圈养
				0.4	散养
		鸭	L/(只·d)	1.7	圈养
				1.0	散养
		鹅	L/(只·d)	2.0	圈养
				1.5	散养
A039	其他畜牧业	兔	L/(只·d)	0.6	圈养
				0.4	散养
注：动物园或家养野生动物用水定额可参照使用。					

11 渔业用水定额

渔业用水定额见表 11。

表 11 渔业用水定额

行业代码	行业名称	类别名称	水文年型	定额/（m³/667 m²）							
				I 1	I 2	II	III 1	III 2	IV 1	IV 2	IV 3
A041	水产养殖	内陆养殖	50%	880	865	815	770	755	710	650	585
			75%	1 045	1 020	955	915	890	830	755	690

12 农村生活用水定额

农村生活用水定额见表12。

表 12 农村生活用水定额

类别名称	定额单位	定额	备注
农村居民生活	L/（人·d）	90	厨房和卫生间等给排水系统完善
	L/（人·d）	60	给排水系统不配套
幼儿园	m³/（人·a）	7	—
小学、初中	m³/（人·a）	9	住宿
		6	非住宿